漫画万物简史

千万不能没有土壤

[英]伊恩·格雷厄姆 著
[英]马克·柏金 绘
张书 译

中信出版集团 | 北京

图书在版编目（CIP）数据

千万不能没有土壤 /（英）伊恩·格雷厄姆著；（英）马克·柏金绘；张书译 . -- 北京：中信出版社，2022.6（2022.8重印）

（漫画万物简史）

书名原文：You Wouldn't Want to Live Without Soil!

ISBN 978-7-5217-4046-2

Ⅰ . ①千… Ⅱ . ①伊… ②马… ③张… Ⅲ . ①土壤学—青少年读物 Ⅳ . ① S15-49

中国版本图书馆 CIP 数据核字 (2022) 第 035784 号

千万不能没有土壤
（漫画万物简史）

著　　者：［英］伊恩·格雷厄姆
绘　　者：［英］马克·柏金
译　　者：张　书
出版发行：中信出版集团股份有限公司
（北京市朝阳区惠新东街甲 4 号富盛大厦 2 座　邮编　100029）
承 印 者：北京尚唐印刷包装有限公司

开　　本：889mm × 1194mm　1/20　　印　　张：2　　字　　数：65 千字
版　　次：2022 年 6 月第 1 版　　印　　次：2022 年 8 月第 2 次印刷
京权图字：01-2022-1462　　审 图 号：GS（2022）1610 号（书中地图系原文插附地图）
书　　号：ISBN 978-7-5217-4046-2
定　　价：18.00 元

出　　品：中信儿童书店
图书策划：火麒麟
策划编辑：范　萍
执行策划编辑：郭雅亭
责任编辑：袁　慧
营销编辑：杨　扬
封面设计：佟　坤
内文排版：柒拾叁号工作室

土壤是什么？

土壤是地球陆地表面最上层的那部分疏松物质，由各种颗粒状矿物质、空气、水分、活的有机体以及动植物残体等组成。

陆地上绝大多数植物的生存都离不开土壤。它既像一块巨大的海绵吸收水分，又像过滤器一样可以净化水中的杂质。土壤还能影响地球大气层（包围着地球的一层空气），它能像人呼吸一样从空气中吸收一些气体，也能释放出另外一些气体，与大气层进行气体交换。

地球上的土壤是多种多样的，科学家绘制了土壤地图，将不同种类的土壤分布用不同的颜色标示了出来。

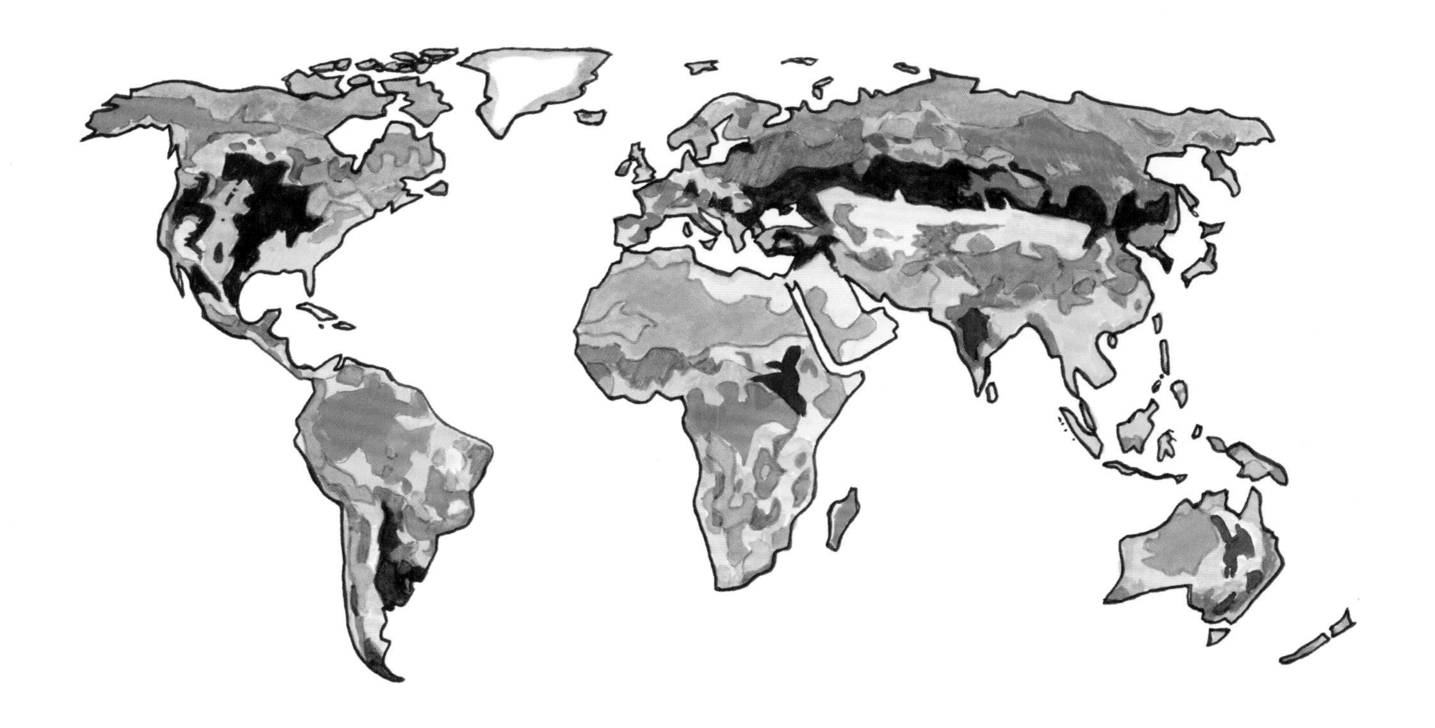

土壤大事记

约 40 亿年前

地球上出现了毫无生机的泥土，因不含任何有机质，所以还不算是土壤。

约 3 万年前

人类开始使用黏土制作物品，黏土经过加热后可硬化成型。

约公元前 400 年

古希腊历史学家色诺芬提出，把杂草等植物埋进土壤里可以提高土壤肥力。

约 4 亿年前

地球上形成了包含有机质的土壤。

约 1.2 万年前

人类进入农耕时代，自己种植庄稼，而不完全依靠从自然中采摘坚果、水果等为生。

19 世纪 80 年代

俄国自然地理学家、土壤学家道库恰耶夫为现代土壤学的产生奠定了基础。

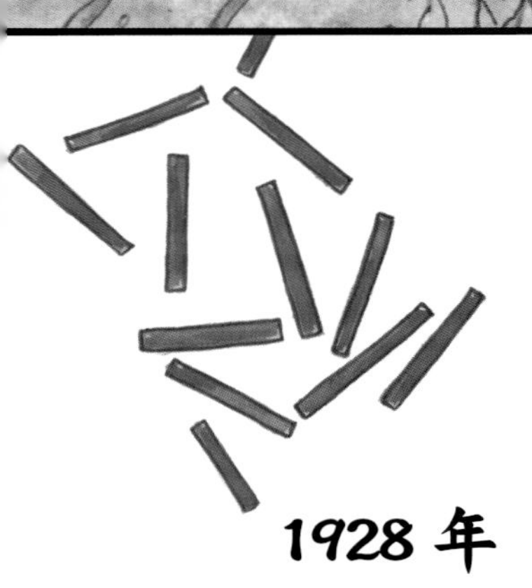

1928 年

英国科学家亚历山大·弗莱明发现了世界上最早的抗生素——青霉素。它是由广泛存在于土壤里的一种叫青霉菌的霉菌产生的。

20 世纪 50 年代

施肥和灌溉使得农田的粮食产量提高，掀起了一场“绿色革命”。

2014 年

美国华盛顿州奥索镇东部发生了山体滑坡，大量土壤和泥浆被河流冲走，导致许多住宅被掩埋。这是美国历史上单次造成伤亡人数最多的山体滑坡。

20 世纪 30 年代

美国大平原遭遇了长达 10 年的大旱，数亿吨土壤因遭受风蚀而流失。

1953 年

从土壤中的某种细菌里发现了抗生素万古霉素。

2015 年

研究人员从土壤中发现了一种新型抗生素，叫作泰斯巴汀。

目录

导言

很难想象没有土壤的世界会是什么样，反正肯定大不一样。我们脚下的土地不再是“土”地，花草树木也会消失不见。

土壤为人类生产提供了种类繁多的原材料。没有了土壤，就没有这么多好用的材料，连可以踩着玩的小泥坑都没有了！如果土壤从未存在过，地球上的生命会完全不同，也许根本就不会出现人类。没有土壤就没有人类，是不是很奇妙？除了人类，恐怕陆地上绝大多数生物都不会出现。土壤当然也有不好的一面，但我们的生活还真是离不开它！

土壤的用途数不胜数！植物需要在土壤中生长，人类建造房屋要从土壤中取材，还要利用土壤制作药物以及绘画的颜料，或者把水管、垃圾埋入土壤中隐藏起来。土壤对动物也很重要，它是昆虫、蠕虫、鼹鼠、兔子等许许多多动物赖以为生的家园。

土壤从哪里来？

在数十亿年前地球诞生之初，土壤还未产生，地球表面只是坚硬、裸露而炙热的岩石。在地球逐渐冷却的过程中，岩石裂开细小的缝，水和冰进入裂缝后，加速了岩石的开裂。渐渐地，地球坚硬的表面产生了很多碎石。4 亿多年前，地球上首次出现了低级的植物，植物死亡、分解，剩下的有机质与石头粉末混合，本来毫无生机的石头粉末就变成了土壤。风、雨、河水将土壤扩散到地球表面的各个地方。后来，土壤中长出了更大、更高级的植物。这些绿色植物释放出氧气，改变了大气成分。所以说，假如没有土壤，地球表面只是光秃秃的石头，也就孕育不出田野和森林，更没有这么好的空气了！

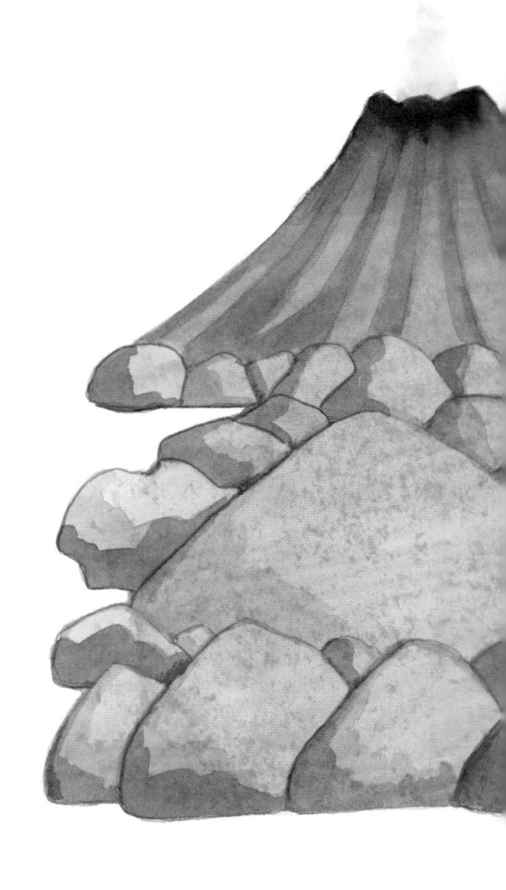

流水冲刷并拍打岩石，把它们磨成了圆润的卵形。从岩石上脱落的碎石形成了沙砾，最终成为土壤的一部分。

冰川就是缓慢流动的冰河。冰川向下游流动时，将河底的石块磨碎，从而制造了大量的石头粉末和碎石，这些物质和其他物质一起逐渐形成了新的土壤。

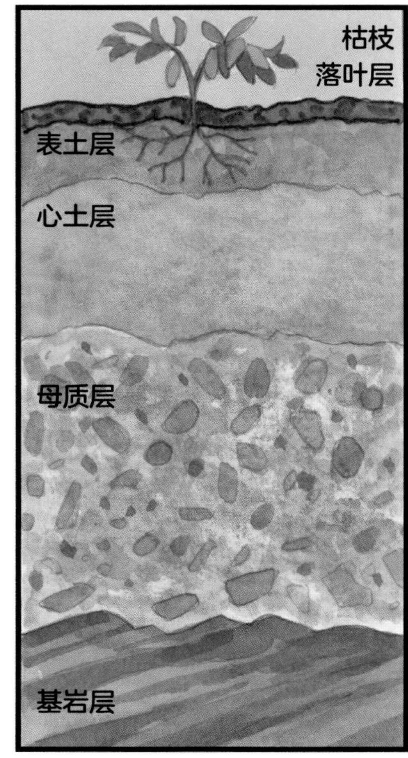

风将沙土吹起，有时巨大的沙尘暴能将沙土吹到很远的地方。沙土落地后，植物或别的生物就在其中生长或生活起来，沙土逐渐转变成土壤。

土壤的内部是一层一层的。最下面的一层是基岩，基岩的碎片被称为“母质”，它为土壤提供了沙石。由动植物腐烂分解而形成的有机质，大多分布在表土层。表土层下面的一层叫作心土层。

多种多样的土壤

土壤并不是只有一种，不同地方有不同种类的土壤。土壤的种类取决于形成土壤的基岩、当地的气候以及土壤里的各种有机质。所有的土壤都是由沙、粉土、黏土和有机质等组成的。沙很容易让水通过，稍细的粉土遇到水会变成泥，干燥后则容易被风吹走。黏土紧实而厚重，可以捏成型，有点儿像做陶艺用的陶土。泥炭土中则含有很多的有机质。

洪涝和暴雨都会对土壤产生严重影响。有机质和养分被冲刷掉，土壤就变成了烂泥。同时，过多的水分会阻挡空气进入土壤，令有机体难以呼吸。

适宜种植植物的土壤叫作壤土。壤土中包含适当比例的沙、粉土以及黏土，还包含有机质。壤土质地松软，可以保存水分和养分，又可以排出过多的水分，所以有利于植物生长。农场和花园里肥沃的土壤就是壤土。

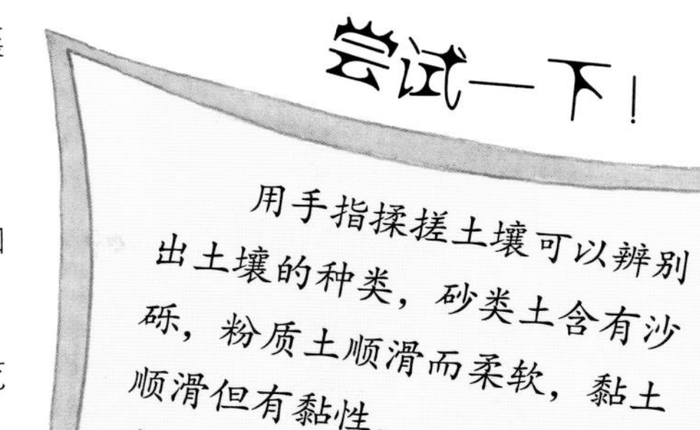

尝试一下！

用手指揉搓土壤可以辨别出土壤的种类，砂类土含有沙砾，粉质土顺滑而柔软，黏土顺滑但有黏性，有弹性的泥炭土则含有很多水分。

土壤的**酸碱度**用 pH 值表示。中性土壤的 pH 值是 7，酸性的小于 7，碱性的大于 7。

水将养分溶解在土壤中，这决定了土壤的酸碱度。酸性或碱性过度的土壤都不利于植物生长，甚至让植物无法成活。

大多数植物在中性（既不偏酸性也不偏碱性）的土壤中长得最好，但有些植物有特定的喜好。杜鹃花（左图）喜欢酸性土壤，欧丁香（右图）则喜欢微碱性土壤。

生命的摇篮

许多生物把家建在地下的土壤里，其中有不少生物对新土壤的形成是有益的。细菌和蠕虫将植物残体分解并将它们转化为腐殖质。腐殖质中的水分和养分被植物通过根吸收。土壤的储水能力可以减缓雨水汇入江河的速度，防止洪水泛滥。土壤同样也吸引体形稍大的动物来觅食和安家，比如鼹鼠和兔子就住在地下的洞穴和隧道中。这种动植物之间相互关联且彼此依存的网络，叫作土壤的食物网。如果没有土壤，很多生物就会无家可归，而且洪水泛滥会更频繁！

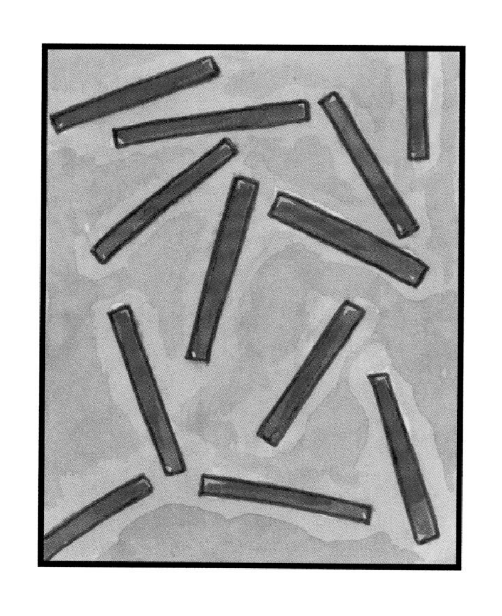

病毒。土壤中含有数十亿种病毒。病毒无法自我繁殖，但是它能入侵其他生物的细胞，并借助细胞复制自己的基因而完成繁殖。某些病毒会给动植物带来疾病。

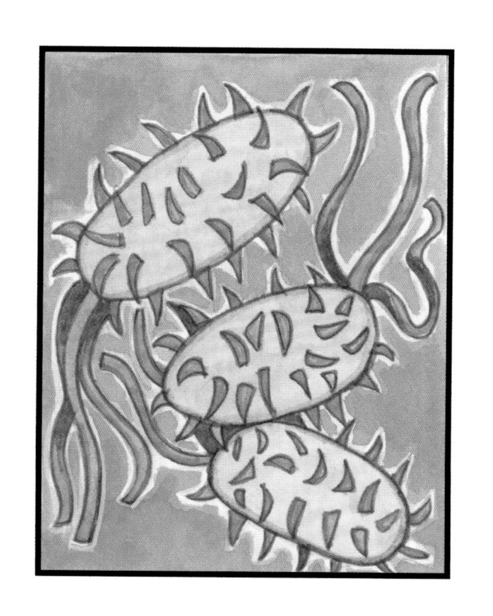

细菌（左图）。土壤中生长着大量的细菌，它们是一种单细胞生物，对于土壤的健康至关重要。有些细菌能分解有机质，有些细菌能帮助植物将空气中的氮转化为植物可吸收的营养。

原生动物（右图）比细菌大一些，但也是微小的单细胞生物。它们在土壤中穿梭自如，以细菌、其他原生动物、真菌和有机质为食。一个原生动物一天可以吃掉1万个细菌。

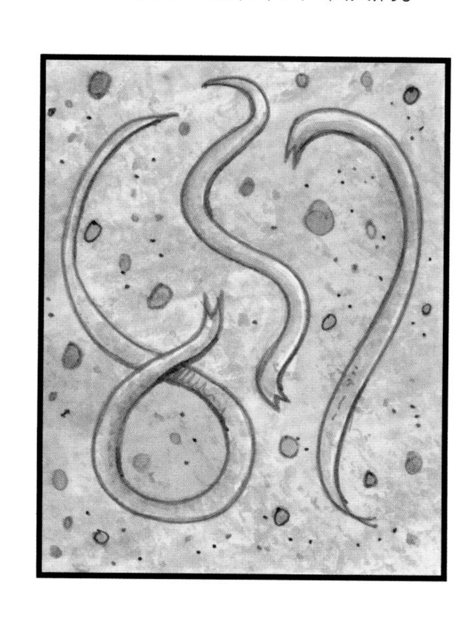

健康的土壤中活跃着各种各样的生命。大多数生物都很微小，我们只有用显微镜才能看到，但也有很多体形稍大的生物。

昆虫。蚂蚁、甲虫和其他昆虫一生中至少都有一段时间生活在土壤中。你见过土壤中蠕动的小虫子吗？它们长大后有些就会变成昆虫。

蠕虫。土壤中的蚯蚓和微小的线虫以其他动物和植物残体为食，它们在土壤中钻洞，有助于改善土壤的通气性和排水性。

微生物。我们通常把土壤中的微小生物叫作微生物，包括病毒、细菌、单细胞藻类、原生动物和真菌。

用土壤能做什么？

在**石器时代**，人类将有颜色的土壤和石头捣成粉末，然后加入水、唾液和动物油脂等制成颜料。他们利用手指或者棍子蘸着颜料在洞穴的内壁上作画。

几万年来，人类都在用土制作东西。石器时代的人用土壤制成颜料来装点洞穴的内壁，通常会画上捕杀的猎物，印上各种颜色的手印。他们还用黏土制作盛食物的容器，他们发现加热这些黏土的时候，松软的黏土会变硬。如果没有黏土，我们就无法见识到远古人类留下的数不尽的陶器。如果没有那些颜料，也不会有那些美丽的壁画。如果石器时代的人类没有这样利用土壤，我们对他们和他们的生活可能就无从了解了。

中国的第一个皇帝是**秦始皇**，他死后有数千个兵马俑陪葬。这些真人大小的陶俑是用泥土制作的。

原来如此！

黏土经过火烧会发生变化。在1200℃左右，黏土的微粒就会发生反应互相融合，这是永久性的、不可逆的变化。

研磨处理土壤后可以得到黑色、深棕色、红色和黄色等各种颜料。将这些颜料混合可以得到更多的颜色。名称中含有褐、赭和土等字样的颜料被称为土质颜料。

一些**非洲部落**会研磨土壤制成赭石色颜料，并将它与油脂混合在一起，抹在身上和头发上。这可以防止皮肤干燥开裂，同时避免蚊虫叮咬。

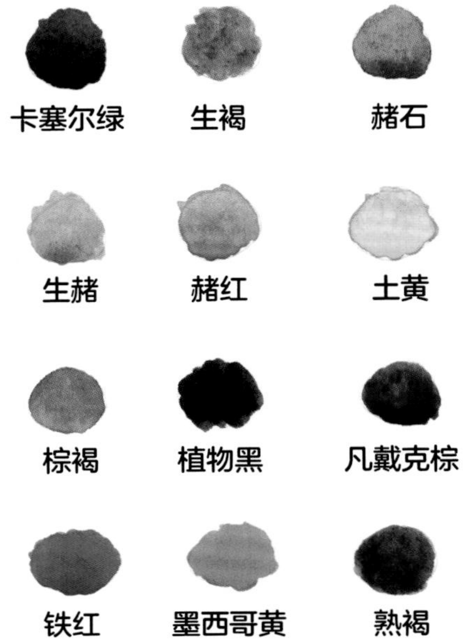

卡塞尔绿

生褐

赭石

生赭

赭红

土黄

棕褐

植物黑

凡戴克棕

铁红

墨西哥黄

熟褐

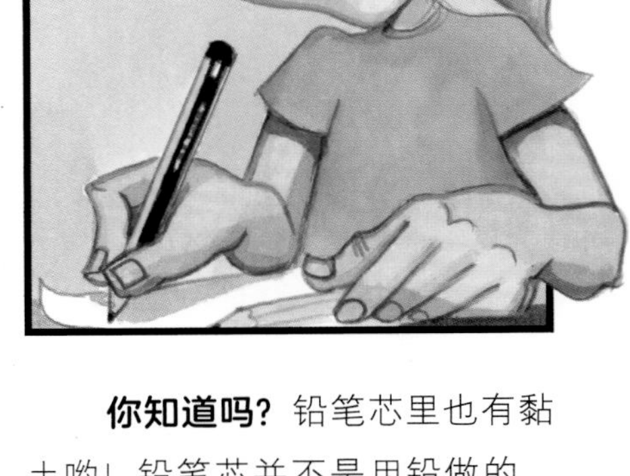

你知道吗？铅笔芯里也有黏土哟！铅笔芯并不是用铅做的，而是一种石墨和黏土的混合物，黏土越多笔芯就会越硬。

用土来建房

土一直都被用作建筑材料。最初，人们用泥土建房子，后来才有了泥砖。人们亦学会了用高温烧制的办法让黏土砖块变得像石头一样硬。如今，我们依然用土制作砖块、混凝土和玻璃。但这并不是人类的原创，人类总是从自然界中得到启发：有些生物是在土里挖洞筑窝的，还有一些生物把土或泥粘在一起建巢。如果没有土壤这个材料，我们可能就得用石头建房子了，很多生物可能就无家可归了！

古埃及的房子是用泥砖建的。先从尼罗河里采集泥土，经常还会混入稻草增加黏合力，再使用木框把泥土塑造成砖形，最后在太阳下晾干。

筑墙的一种方式是将泥巴抹到篱笆上，这也就是我们常说的抹灰。一般还会将稻草或动物的粪便掺进泥巴里。

原来如此！

在篱笆上抹泥巴是很高明的建筑方法。篱笆本身柔韧而透风，泥巴则不结实易裂。但两者结合在一起可以相互加强，形成结实的材料，遮风挡雨。

现代摩天大楼的**玻璃**是用沙子做的。如果不使用沙子做的玻璃，摩天大楼会是什么样呢？我们又要用什么来制作玻璃呢？

蚂蚁和白蚁等**昆虫**使用土壤筑巢。有些白蚁将土粘起来，可以建出如同昆虫界的摩天大楼般的巨大蚁巢。

有些**鸟儿**用泥土筑窝，比如燕子。它们用喙衔起泥巴，与唾液混合在一起，垒巢。

深埋地下

需要隐藏起来的东西可以埋在土壤中。管道和线缆就被埋入了地下。如果没有土壤，很多东西就只能裸露在外面。很多人死后都会入土为安，如果没有土壤，就无处安葬了。很多古代文明的遗迹因被掩埋在地下而得以留存，并被后世发掘。土壤中还有前人埋藏的钱财和珍宝。如果没有土壤，后人就没有机会发掘到那些经过历史变迁留存下来的古物和宝藏了。

古代没有正规银行或保险箱，**有钱人家**的金银财宝如果无处存放，他们当中有些人就把贵重物品装入陶罐，然后埋入地下。如果一直没有人取出来，可能千百年后的某天就会被考古学家发掘出来。这种埋藏起来的贵重物品就叫“密藏”。

人类每年都会制造**大量垃圾**。大多数垃圾都填埋在了地下，被一层厚厚的表土层覆盖。如果没有土壤覆盖这些垃圾，臭不可闻、腐败变质的垃圾将会在我们的城镇周围堆积如山。

原来如此！

沼泽地中的尸体保存完好的原因是沼泽地酸性、低温、缺氧的环境。低温和缺氧导致细菌无法腐化肉体，而水的酸性又有助于尸体的保存。

管道和线缆连成的网络为家家户户供电、供气、供水以及提供电话服务和污水处理服务。所有的这些管道和线缆通常都是“隐身”在地下的。想象一下，如果没有土壤把它们埋藏起来，那会是什么样子呢？

我们现在能对很久以前的古人有所了解，都是得益于出土的**文物遗迹**，甚至尸体残骸！有了土壤，尸骸和随葬物品才能保存下来，等待考古学家的发掘研究。

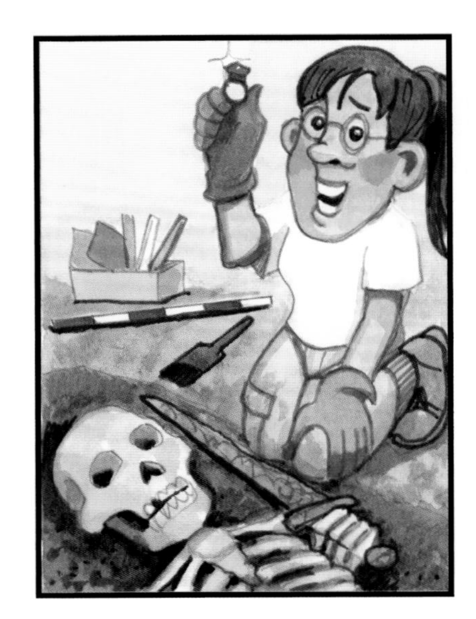

湿地有利于保存埋藏的物品，包括人类的遗骸。在丹麦沼泽中发现的一具尸体，被称为“图伦男子”。他的表情看起来十分安详，好像随时会醒过来一样。其实，他死去已经有 2000 多年了。

种植

地球上有土壤的地方，几乎都有植物。没有土壤，就没有草、灌木、花和树了，因为它们都需要土壤。植物的根深深扎在土里，汲取土壤里的水分和溶解在水里的养分。根也把植物固定在地里，使植物可以“站立”起来。如果在同一块地里年复一年地种植作物，土壤里的养分要不了多久就会被吸收殆尽，土壤里的有机质也会慢慢地被分解掉。农民能持续使用同一块地种植庄稼，是因为他们为土地补给了养分和有机质。动物的粪便就是很常见的农用肥料，它富含大量有机质，不过在田地里撒满大粪可不怎么好闻呢！

树根在地下延伸的范围与树冠的大小相仿。树根通常是靠近地面的，但生长于缺水地区的树，树根为了寻找水分可以长到地下60米。

较高的树木和其他植物之所以可以“站立”起来，多亏了土壤里的根系。树根在地下延伸，像数百根长长的手指一样抓住大地。如果树木被暴风吹倒，我们就可以看到它裸露出来的根部。

郁郁葱葱又茂密的**雨林**，你一定认为养育它的土壤很肥沃吧？恰恰相反，雨林的土壤很贫瘠。雨林里的植物死去后刚开始腐烂，其中的养分就会迅速被活着的植物吸收掉，所以土壤里无法累积养分。

对于世界的食物供应来说，**土壤**是极其重要的。供给全球 70 多亿人的粮食种在只占陆地面积 1/10 的土地上。如果没有土壤，也种不出喂养动物用的庄稼或牧草。

土壤中的能源

我们能过上现在的生活都是得益于人类还没有出现就形成了的土壤。在恐龙时代甚至更早的时候，沼泽地区的植物有时被埋入泥浆中。这些植物接触不到空气，所以没有腐烂，也不会被动物吃掉。久而久之，植物体之上的土壤就越积越厚，土壤的重量将植物压扁并将它们压到地下更深的地方。上面的土壤后来逐渐变成了岩石，高温和高压将地下堆积的厚厚的植物变成了煤炭。没有古老的土壤，就没有煤炭供我们使用，也就不会有通过燃烧煤炭产生的电力了。

另一种出自土壤的能源叫作**泥炭**。泥炭含有大量有机质，干燥后和煤炭一样可以燃烧。在爱尔兰和芬兰等地，人们将泥炭块从沼泽地中开采出来，随后堆在阳光下晾晒。

人们**采煤**燃烧、获取热量的历史已有数千年之久。最初，人们从沙滩上捡拾从海床冲到岸上的煤炭，尤其是在暴风雨之后。时至今日，仍有地方在采集海洋带来的煤炭。

原来如此！

为什么埋入地下的植物没有腐烂而是变成了煤炭呢？很多能造成植物腐烂的生物都需要从空气或水中获取氧气，而深埋在地下的植物，周围因为没有空气，也就不会腐烂了。随着时间的推移，高温和高压使它们变成了煤炭。

煤炭**存储**了几千万年前的植物从太阳中吸取的能量。我们今天燃烧的煤块，可能是在一片被洪水淹没的森林里开始它的生命历程的，那时恐龙还在地球上游荡呢。

某些海岸上仍有**煤炭**的踪迹。煤炭被海浪拍打，碎裂成细小的碎块，在沙子表面形成黑色的煤层。

煤炭堆积形成了厚厚的**煤层**，有些煤层离地表很近，但是很多藏在地下深处。矿工开挖矿井和隧道，寻找地下深处的煤层，开采其中的煤矿。最早的采矿工人使用的是手工工具，现在已经用大型采煤机械开采了。

小心，土壤有时也很危险！

通常情况下，土壤都是平稳、牢固的，但有时土壤的移动会带来灾难性的后果。土壤的移动可能来自地震、海浪、洪水，甚至是建在它上面的大楼：地震可能导致山坡上的土壤松动，形成滑坡；海浪也会导致滑坡；洪水则会将土壤冲走；大楼下的土壤可能会因为大楼的质量而沉降（下陷）。现代的建筑都有很深的地基，可以预防这些问题。

意大利的**比萨斜塔**之所以倾斜，是因为一侧的地面比另一侧沉降得多。

滑坡通常都是水惹的祸。地下泉水和大量的降雨可以将土壤中的缝隙填满水，这会导致土层变滑，最终松动并滑下山坡。

海边的**峭壁**时常会发生滑坡。海浪拍打峭壁的底部，冲走了土壤，最后峭壁的上部没有了支撑，就垮塌进海里了。

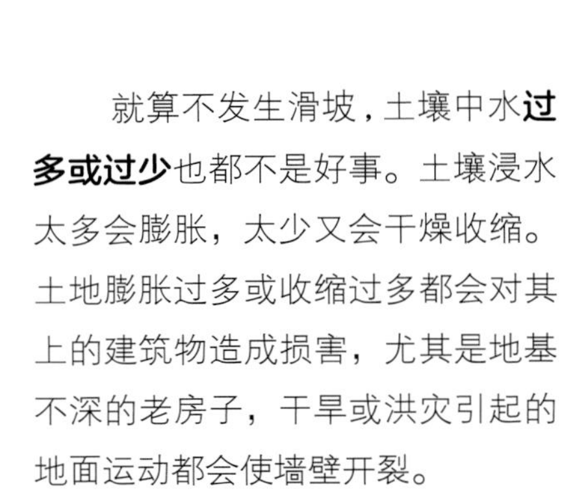

潮湿的土壤由于**地震**摇晃，会出现像流沙般流动的现象，陷入这样的地里的建筑得不到支撑，常常会发生很大角度的倾斜。这种奇怪的现象叫作土壤液化。

就算不发生滑坡，土壤中水**过多或过少**也都不是好事。土壤浸水太多会膨胀，太少又会干燥收缩。土地膨胀过多或收缩过多都会对其上的建筑物造成损害，尤其是地基不深的老房子，干旱或洪灾引起的地面运动都会使墙壁开裂。

土壤流失

土壤资源是有限的。陆地土壤一直在流失。有些地方的土壤被海洋冲刷并带走，这也就是所谓的海岸侵蚀。暴雨和洪水会把土壤冲进河流中。长期干旱导致土地干裂，表土层的尘土很容易被风吹跑，这就是风蚀。世界人口持续增长，越来越多的土壤为新建筑和道路让路。不恰当的耕作方式会过度消耗土壤中的营养物质或有机质，导致土壤流失。

20 世纪 30 年代，美国遭受了**长时间干旱**，人们称之为“尘暴”。土地干裂，数百万吨肥沃的农用土壤变成了尘土被风吹走。大量土壤被刮跑，天空时常被巨大的沙尘暴吞没，白天也犹如黑夜。

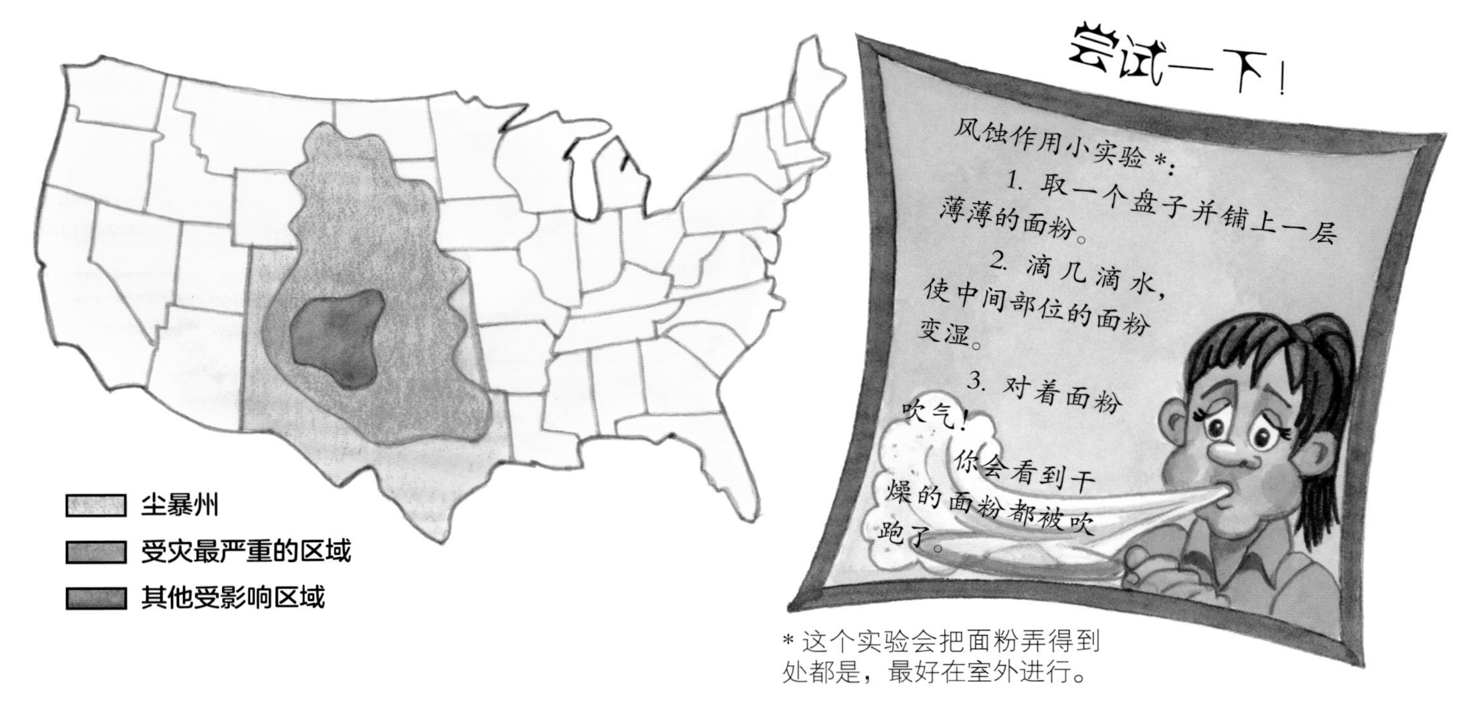

* 这个实验会把面粉弄得到处都是，最好在室外进行。

尘暴导致整个美国大平原上的农场和牧场停业。300 万人口被迫逃离受灾州，前往别处谋生。1940 年后，规律的降雨终于回归，干旱这才结束。

有些海边的地面会**陷落到海里**，比如美国加利福尼亚州的海岸和英格兰的东海岸。有时候，陷落情况非常严重，人们的住宅摇摇欲坠，一场风暴就能将之卷入海底。人们曾把一些受灾的重要建筑从坠落的边缘抢救回来。

保健又美容

你知道吗？很多日常用品中都有从土壤中提取的有益健康的物质。有些用于治疗感染的抗生素（杀菌药物）的发明就来源于对土壤的研究。有些药物中还使用了黏土。动物很早以前就发现了土壤的保健功效，有的动物会吃黏土帮助消化。很多美容产品也用到了黏土，比如面膜。如果没有土壤，很多人胃痛时都没药可吃，而且我们必须想其他办法制造医药和美容产品。

泥浆面膜可以在清洁皮肤，吸收油脂的同时为皮肤补充水分。将顺滑、细腻的泥浆或黏土面膜涂抹在脸上，等待面膜变干即可。只不过，脸上涂满“泥巴”的样子可能有点儿吓人！

土壤中的细菌能相互制衡，所以土壤是一个极佳的研究对象，有利于科学家研发新型抗生素。2015 年，研究人员从土壤中发现了一种叫作泰斯巴汀的新型抗生素。土壤中仍有很多具有研究价值的细菌，未来也许会有更多通过土壤研制出来的新型药物。

黏土非常容易吸水，因为它的颗粒小，中间有很多孔隙。液体容易渗透进颗粒中并填充在孔隙里。

南美洲的某种**鹦鹉**就很喜欢吃黏土。因为黏土可以吸附毒素，防止中毒，所以鹦鹉就算吃下有毒的种子也不用怕了。

有些**牙膏**中含有细腻而洁白的粉末状黏土瓷土——和制作陶瓷餐具用的是同一种黏土。它有助于清洁牙齿、去除牙渍，还可以使牙膏质地更细腻柔滑。

治胃疼的药物中通常都用到**黏土**。就和鹦鹉吃黏土是一样的道理，因为黏土能够吸收（吸附）各种有害物质。

展望未来

过去，人们对土壤不够重视，以为土壤是取之不尽，用之不竭的。现在人们已经意识到土壤是非常宝贵的资源，必须加以保护。未来，人们将不得不提高使用土壤种植粮食的效率，否则无法满足日益增长的人口对食物的庞大需求。我们还要防止土壤受到污染。科学界普遍认为气候变化的原因是全球变暖，科学家们预言，气候会在全球范围内改变，尤其是降雨和气温。以后，农民可能就得根据变化的气候改进耕作方式了。

几千年来，农民都是先耕地再种植庄稼。但是耕地的场景在未来可能会慢慢消失，再也见不到了。耕地会使土壤干燥，破坏蠕虫的洞穴，伤害土壤中的生物。一种新型的“免耕法”可以完全省掉这一步。

土壤的**自然形成**需要很长时间。大自然造土要花数百年的时间，而科学家正在研制的人工土壤则可以想要多少就有多少。其中一种人工土壤就是由发电厂用过的煤灰与污泥（因处理废水而产生的浓稠的淤泥）混合而成的。

气候的变化可能会改变土壤中的营养物质或有机质，或有机体。气候变化可能导致某些地区雨水过量而遭受洪水，而其他地区则遭受长期干旱。未来的农民也许要种植多种类型的庄稼才能适应不断变化的气候。

将来，**宇航员**如果要登陆火星或其他星球，但因食物太重无法携带而不能满足需求时，就只能在飞船上自己种粮食吃了。但土壤也太重了，因而只能使用所在星球上的“风化层”（粉尘般的干燥的星球表面）制造土壤。比如，他们可能只需携带干燥的污泥，加水后与“风化层”的物质混合，自制土壤。

词汇表

白蚁：与蚂蚁相像的昆虫。有些白蚁会用土壤筑起巨大的巢。

病毒：含有遗传信息的微小生物，可以入侵其他细胞并利用其复制繁殖。

地基：建筑物最底部的结构，通常位于地下。

肥料：含有养分或有机质的物质，与土壤混合可提高土壤的肥力（即供给植物更多营养的能力）。

粉土：细小的石粒，大小介于沙粒和黏土颗粒之间。

基岩层：构成陆地表层的固体岩层。

抗生素：某些微生物或动植物所产生的能抑制或杀灭其他微生物的化学物质。

黏土：有黏性的细颗粒土壤，湿润时可塑型。

气候：较长一段时间（数十年或数百年）的天气状况。

人口：特定地域的人的总数。

沙：细小的石粒，比粉土和黏土的颗粒大。

沙砾：沙和碎石块。

生物：动物、植物等有生命的物体。

石器时代：历史上的一个时代，从人类出现直到青铜器时代开始为止，历时二三百万年。

污染：有害物质混入空气、土壤、水源等而造成危害。

细菌：需要用显微镜观察的生物，是单细胞生物。

线虫：线形动物的通称，大小不一，最短仅 0.7 毫米，最长 120 厘米。

颜料：用来着色的物质。将土壤或石头磨成粉可以得到一些天然颜料，也可从植物或昆虫身上获得。

养分：物质中所含的能供给机体营养的成分。

原材料：用于制造产品的基本物质。

原生动物：结构简单的原始单细胞生物。

沼泽：被水浸润的泥泞地带，含有很多植物，以苔藓为主。

真菌：生物的一大类，如伞菌、霉菌等，没有根和叶，由孢子发育而来。

著名的土壤学家

查理·罗伯特·达尔文（1809—1882）：达尔文因进化论而闻名于世，但其实他还花费了长达40年的时间来研究蚯蚓。他发现蚯蚓通过食用土壤，消化分解了土壤中的有机质，并发现了蚯蚓挖的通道对土壤的透气作用。他还对蚯蚓把叶子搬回通道的过程进行了观察，并写出了畅销书《腐殖土与蚯蚓》。

道库恰耶夫（1846—1903）：俄国科学家道库恰耶夫被称作土壤学之父。他设立了俄国第一个土壤学系，并多次率队前往俄国各处研究土壤。他首次提出土壤的形成不仅与其下的岩石有关，而且受气候、植被、地点与时间的影响。火星上的一座环形山以他的名字命名。

柯蒂斯·F.马伯特（1863—1935）：马伯特从获得密苏里大学和哈佛大学的学位后，直至1910年，都在密苏里大学教授地质学，之后他成为美国土壤局的土地科学家。在土壤局工作期间，他开发了首个美国土壤的分类系统。

无土栽培

你是否知道不用土也能种植植物？植物也可以种在沙石或类似的栽培介质中，肥料溶解在营养液中输送给植物。植物的根在栽培介质中生长，吸收营养液。这种方法叫作水培法，成本比用土栽培植物高，但未来缺少可用土壤时可以用来种植庄稼。

化石的形成

没有土壤的话，我们对恐龙等生活在数千万年前的动物会知之甚少。化石是远古生物的遗骸。几千万年前死去的大多数生物不是被吃掉了，就是被分解得一干二净了，但也有一些被滑坡或喷发的火山灰掩埋，细菌将柔软的部分分解掉，只留下骨头，骨头又吸收了地下的水分，水中的矿物质逐渐取代了骨头中原有的有机质，化石就形成了。

随着时间的推移，越来越多的土壤或火山灰将化石埋得越来越深，来自地面的巨大压力最终将化石周围的土变成了岩石。如果岩石被逐渐风化，数百万年后或许会有眼尖的人发现化石的存在。

你知道吗?

• 一把土里包含的细菌数量比地球上的人口总数还要多，这可不是个小数目，毕竟地球人口有 70 多亿呢！

• 地球上有几万种土壤。仅在美国，目前被发现的土壤种类就超过两万种。

• 土壤的样本中平均含有 45% 的矿物质（沙、粉土和黏土）、25% 的水分、25% 的空气和 5% 的有机质。

• 形成 2.5 厘米厚的土壤需要 500 到 1000 年，如果你以这个速度长个子，要用 5 万年才能长到现在这个身高！

• 一片足球场大的健康土壤里的所有细菌加起来可能有一两只奶牛那么重！

12个我们熟悉又极易忽略的事物，有趣的现象里都藏着神奇的科学道理，让我们一起来探寻它们的奥秘吧！